Martin Wendel

Folgen der Globalisierung für die Landwirtschaft in Asien

Wie wirken sich politische Maßnahmen und veränderte Nachfrageorientierungen der Wirtschaftzentren auf die Landwirtschaft in asiatischen Entwicklungsländern aus?

GRIN Verlag

Bibliografische Information der Deutschen Nationalbibliothek:

Die Deutsche Bibliothek verzeichnet diese Publikation in der Deutschen National-bibliografie; detaillierte bibliografische Daten sind im Internet über http://dnb.d-nb.de/ abrufbar.

Impressum:

Copyright © 2008 GRIN Verlag GmbH
Druck und Bindung: Books on Demand GmbH, Norderstedt Germany
ISBN: 978-3-640-32083-7

Dieses Buch bei GRIN:

http://www.grin.com/de/e-book/126231/folgen-der-globalisierung-fuer-die-land-wirtschaft-in-asien

Johannes Gutenberg-Universität Mainz, Geographisches Institut

Hauptseminar: Globalisierung und Wirtschaftsentwicklung in der Dritten Welt, III

Wintersemester 2007/08

Datum: 25.-27.1.2008

Folgen der Globalisierung für die landwirtschaftliche Entwicklung der Dritten Welt, dargestellt an Beispielen aus Asien

Wie wirken sich politische Maßnahmen und veränderte Nachfrageorientierungen der Wirtschaftzentren auf die Landwirtschaft in asiatischen Entwicklungsländern aus?

Vorgelegt von:

Martin Wendel

Inhaltsverzeichnis

Abbildungsverzeichnis

Tabellenverzeichnis:

1. Einführung in das Themengebiet

Die folgende Arbeit stellt die Auswirkung der Globalisierung, insbesondere politischer Maßnahmen und veränderter Nachfrageorientierung der Wirtschaftzentren, auf die Landwirtschaft in asiatischen Entwicklungsländern dar. Dabei werden besonders die Wirkungen der jüngeren Veränderungen in der Plantagenwirtschaft, die Wirkungen der „Grünen Revolution" sowie die weltweite Nachfragesteigerung nach pflanzlichen Ölen, insb. Palmöl, untersucht. Zu jedem dieser Bereich wird ein umfassender Überblick gegeben, um so anschließend eine Bewertung der durch die Globalisierung beeinflussten Entwicklung zu ermöglichen.

2. Veränderungen in der Plantagenwirtschaft

Bei der Entstehung des Weltwirtschaftsystems stellte die Plantagenwirtschaft ein wichtiges Instrument zur kolonialen Ausbeutung von Naturräumen dar, doch heute werden Plantagen von anderen Organisationsformen abgelöst. Für Nahrungsmittelkonzerne sind heute Flexibilisierung, Verschlankung und Risikominimierung die entscheidenden Wettbewerbsfaktoren (vgl. DÜNCKMANN 2004a: 4). Anders als ab Mitte der 70er Jahre, in denen Nahrungsmittelkonzerne eine hohe vertikale Integration aller Produktions- und Verarbeitungsprozesse aufwiesen (vgl. WIESE 1997: 406) und durch rückwärtige Integration hochgradig diversifizierte Konzerne entstanden (vgl. DÜNCKMANN 2004a: 4), kommt es heute zu einem Rückzug aus der landwirtschaftlichen Produktion und einer Konzentration auf Verarbeitung und Verkauf (vgl. WIESE 1997: 411).

2.1 Wirkungen veränderter Marktstrukturen

Ausgelöst wurde die Umstrukturierung der Konzerne durch die postfordistische Nachfrageorientierung auf individuelle und variantenreiche Produkte (vgl. KULKE 2005: 9) und das gewachsene Marktgewicht von Einzelhandelsketten. Dadurch können Einzelhandelsketten Zulieferern Vorgaben über Preis, Qualität und Lieferbedingungen zu machen. Soweit es möglich ist, geben die Zulieferer diesen Druck entlang der Produktionskette weiter, indem sie langfristige Bindungen vermeiden, um möglichst schnell auf Veränderungen reagieren zu können. Oft wird ein kurzfristiges Global Sourcing betrieben. Eigene Plantagen sind unter solchen Umständen für global agierende Unternehmen kaum noch wirtschaftlich, da sie die Flexibilität einschränken (vgl. DÜNCKMANN 2004a: 7).

In den Produktionsländern ist die Infrastruktur mittlerweile meist ausreichend gut ausgebaut, sodass für Nahrungsmittelkonzerne nicht mehr die Erfordernis besteht, die benötigte Infrastuktur, z. B. für den Aufbau einer geschlossenen Kühlkette, selbst zu installieren. Dadurch ist eine Auslagerung der risikobehafteten landwirtschaftlichen Produktion leichter möglich.

Ein weiterer Grund für den Rückzug aus der Plantagenwirtschaft ist die Anfälligkeit für öffentliche Kritik. Gerade auf ihr Image angewiesene Markenkonzerne können es sich kaum leisten, z. B. durch schlechte Arbeitsbedingungen negativ aufzufallen. An dieser Stelle wird die Wirkung der Öffentlichkeitsarbeit vieler Nicht-Regierungs-Organisationen spürbar. Insgesamt ist daher im Bereich der landwirtschaftlichen Produktion eine Dekonzentration zu beobachten (vgl. DÜNCKMANN 2004a: 7).

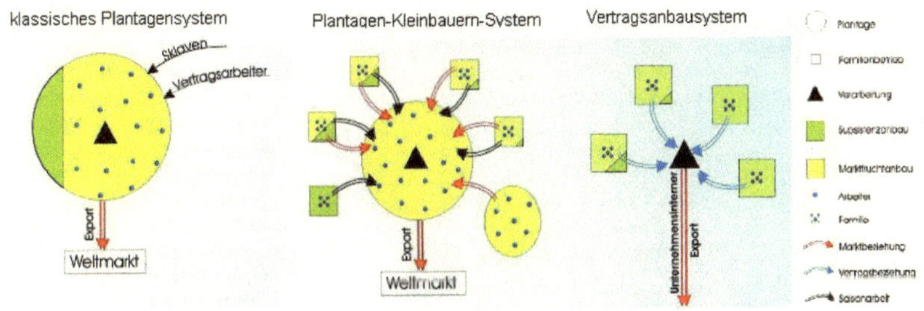

Abb. 1: Unterschiedliche Arbeitsysteme in der Plantagenwirtschaft
Quelle: DÜNCKMANN 2004a: 6

Aus genannten Gründen findet ein Übergang zum Vertragsanbau (vgl. Abb. 1) statt. Dabei wird der Anbau der Marktfrüchte auf kleine und mittlere heimische Betriebe, unter genauer vertraglicher Festlegung von Abnahmemenge, Anbaumethode, Preis, Termin und Qualität ausgelagert. Meist werden den Betrieben auch die nötigen Inputs (Saatgut, Dünger, Pestizide, Know-how) bereitgestellt (vgl. DÜNCKMANN 2004a: 6). Diese innovative Form der Kooperation löst die traditionelle Konfliktsituation zwischen Plantagenwirtschaft und Bauerbetrieben zu großen Teilen auf und ermöglicht eine mittelfristige Modernisierung der Landwirtschaft (vgl. WIESE 1997: 406).

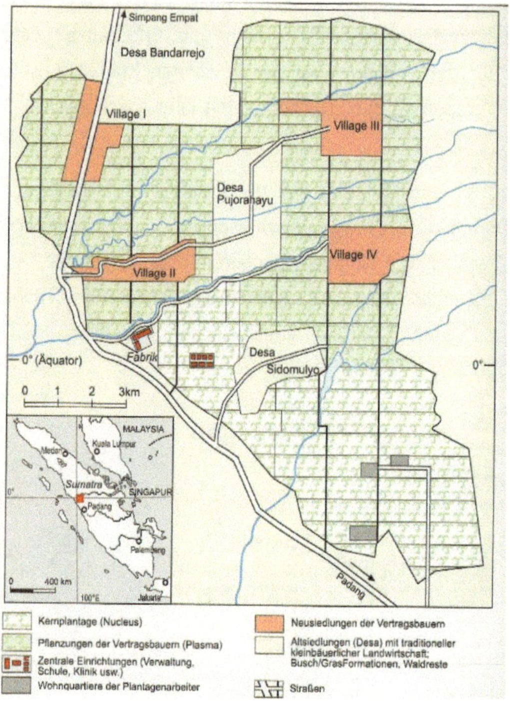

Abb. 2: Die Ophir-Ölpalmenplantage
Quelle: SCHOLZ 2004: 6

Tab. 1 :   Wirtschaftliche Vor- und Nachteile von Plantagen
           gegenüber dezentralisierten Produktionsformen
Quelle: DÜNCKMANN 2004: 5

Vorteile	Nachteile
- Effiziente Produktion und Verarbeitung aufgrund von Spezialisierung und Skaleneffekten - Zentrales, professionelles Management - Einheitliche Qualitätsstandards - Gute Vermarktungsmöglichkeiten (u. a. aufgrund eines größeren Marktgewichtes und einer stärkeren Verhandlungsposition) - Konzentration der Gewinne (wichtig bei expandierenden und lukrativen Märkten) - Großes Produktionsvolumen und damit verlässliche Belieferung der Abnehmer	- Saisonal sehr unausgeglichener Bedarf an Arbeitskräften - Große Abhängigkeit von z. T. stark schwankenden Weltmarktpreisen - Langfristige Bindung großer Kapitalmengen - Keine Auslagerung des Risikos von Ernteausfällen - Anfällig für öffentliche Kritik (z. B. durch Nichtregierungsorganisationen) oder nationalistische Politiken (z. B. Verstaatlichung)

Als Beispiel für die positiven Wirkungen auf die ländliche Entwicklung in Asien kann die Ophir-Ölpalmenplantage (vgl. Abb. 2) in Sumatra herangezogen werden. Diese Plantage wird nach dem Konzept der Nukleus-Plantage geführt. Der „Nukleus", das Kerngebiet der Plantage, und die zur Weiterverarbeitung nötigen Fabriken werden nach dem klassischen Konzept der Plantage mit Lohnarbeitern bewirtschaftet. Das sich an den Nukleus anschließende „Plasma" der Plantage wird nach dem Prinzip des Vertragsanbaus von Kleinbauern bearbeitet. Das Konzept ermöglicht es Unternehmen die Vorteile einer Plantage und die des Vertragsanbaus zu vereinigen (vgl. Tab. 1). Für die Kleinbauern ergeben sich sehr gute Verdienstmöglichkeiten und die Chance auf Weiterbildung, dadurch, dass die Unternehmen ein Interesse an einer effizienten Produktion haben. Beides wird sich langfristig positiv auf den ländlichen Raum auswirken (vgl. SCHOLZ 2004: 15).

2.2 Folgen der Dekonzentration der Produktion

Auch wenn das hier angebrachte Beispiel nicht allgemein übertragbar ist, kann man davon ausgehen, dass die Dekonzentration der landwirtschaftlichen Produktion eine für die Entwicklung der Landwirtschaft und der ländlichen Räume in Asien positive Entwicklung darstellt. Die in der Vergangenheit formulierte Annahme, dass kleinbäuerliche Betriebsformen mit Subsistenzwirtschaft in Entwicklungsländern ein vormodernes Überbleibsel darstellen und von einer modernen marktwirtschaftlichen Landwirtschaft abgelöst werden, trifft nicht zu. Vielmehr zeigen die jüngeren Entwicklungen, dass partiell subsistenzorientierte Betriebsformen, wie sie im Vertragsanbau oft vorherrschen, in keinem Widerspruch zur derzeit weltweit stattfindenden Ausbreitung kapitalistischer Marktlogik stehen. Die klassische Plantage die einst den zentralen Faktor bei der Entstehung der frühen Weltsystems – der Keimzelle der heutigen Globalisierung – darstellte, erweist sich unter den Rahmenbedingungen einer zunehmenden globalen Integration als eine problematische Betriebsform (vgl. DÜNCKMANN 2004a: 8).

3. Wirkungen von Technologietransfer auf die indische Landwirtschaft

Wohl kaum eine Innovation der letzten Jahrzehnte hat die Völker Asiens so nachhaltig berührt wie die Grüne Revolution (vgl. SCHOLZ 1998: 531). Der Begriff „Grüne Revolution" wurde 1968 vom Direktor einer amerikanischen Entwicklungshilfeorganisation geprägt und verweist in diesem Zusammenhang auf den Einsatz eines ganzen Pakets von Neuerungen in der Landwirtschaft Asiens ab den 1960er Jahren. Die Einführung hochertragreichen Saatguts, die Verwendung von Dünge- und Schädlingsbekämpfungsmitteln, die Ausweitung mechanischer Brunnenbewässerung und der Gebrauch von modernen landwirtschaftlichen Maschinen sind die grundlegendsten Neuerungen. Oberstes Ziel des damals durchgeführten Modernisierungsprogramms war die schnelle und nachhaltige Produktionssteigerung der Landwirtschaft (vgl. BOHLE 1998: 91). Auf Grund der durch starkes Bevölkerungswachstum absehbaren Hungerkatastrophen sollte die Nahrungsmittelversorgung der Weltbevölkerung bis in dieses Jahrtausend gesichert werden (vgl. SCHOLZ: 1998: 532). Eine wichtige Motivation für das Modernisierungsprogramm war die Absicht, die Staaten Asiens zu stabilisieren und, in Zeiten des kalten Krieges, ein „Überlaufen" zum Kommunismus zu verhindern. Die Wirkung des Programms wird im Folgenden am Beispiel Indien erörtert.

3.1 Die Grüne Revolution in Indien

Bis zur Unabhängigkeit war die indische Landwirtschaft von Stagnation und extremen Ausbeutungsverhältnissen geprägt; die Landwirte waren weitgehend zu Pächtern degradiert, die einen hohen Anteil ihrer Ernte abliefern mussten und daher nur wenige Anreize zu produktionssteigernden Investitionen hatten (vgl. BETZ 2007). Hauptanbaufrucht war und ist Reis für den Binnenmarkt. Da Indien selbst den Nahrungsmittelbedarf der Bevölkerung nicht decken konnte, wurden Maßnahmen zur Produktionssteigerung getroffen. Zunächst kam es zu Flächenausdehnung und Intensivierung (vgl. BOHLE 1981: 9). Dazu wurden Hochertragssorten, sogenannte „high yielding varieties", moderne Düngemittel, Schädlingsbekämpfungsmittel, mechanische Brunnenbewässerung und moderne landwirtschaftliche Maschinen zum Einsatz gebracht. Mit Nassreis stand eine sich durch ökologische Nachhaltigkeit, hohe Flächenproduktivität, enorme Tragfähigkeit und ein überdurchschnittliches Entwicklungspotenzial auszeichnende Form der Nahrungsmittel-erzeugung zur Verfügung. Zur weiteren Verbesserung der Reissorten und zur gemeinsamen Forschung wurde 1961 das International Rice Research Institute (IRRI) in Manila gegründet. Der Durchbruch gelang 1966 mit der Sorte „IR 8", einer Kreuzung zwischen einer indonesischen und einer taiwanesischen Varietät. Diese als „Wunderreis" bezeichnete Sorte ermöglichte die Verdopplung der zuvor erzielten Erträge und sicherte die Nahrungsmittelversorgung von Millionen Menschen (vgl. SCHOLZ 1998: 531f).

3.2 Wirkungen der Grünen Revolution in Indien

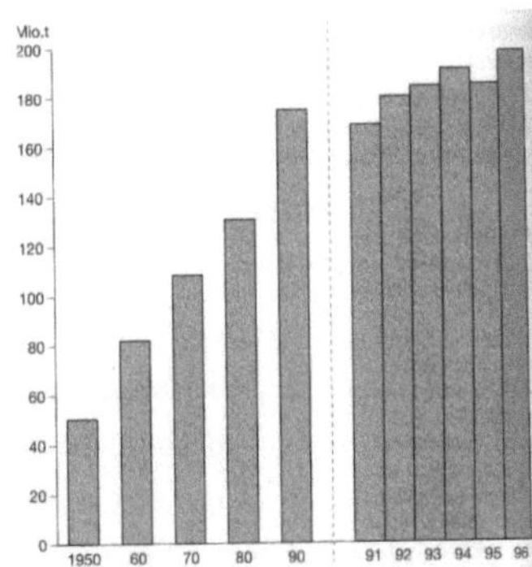

Abb. 3: Entwicklung der
Getreideproduktion in Indien
Quelle: BOHLE 1999: 112

Innerhalb von wenigen Jahren konnten somit die Erträge in der indischen Landwirtschaft enorm gesteigert werden (vgl. Abb. 3). Zunächst wurden sehr große Ertragszuwächse auf bewässerungssicheren Flächen erwirtschaftet. Der Einsatz mechanisierten Brunnen ermöglichte es vielen Landwirten zwei Reisernten pro Jahr einzubringen (vgl. BOHLE 1989: 93) und ihr Einkommen erheblich zu steigern. Jedoch wurde es notwendig Pflanzendünger und Pflanzenschutzmittel zu verwenden, da die neuen Hochertragssorten eine hohe Anfälligkeit gegenüber Pflanzenkrankheiten aufwiesen. So kam es 1976/77 auf Java zu großen Ernteverlusten durch die Ausbreitung der braunen Reiszikade, die rund 450.000 ha Nassreisfläche, Lebensgrundlage für über 7 Mio. Menschen, zerstörte. Da sich herausstellte, dass die Ursache der unsachgemäße Umgang mit Pflanzenschutzmitteln war, liegt der Forschungsschwerpunkt des IRRI seitdem nicht mehr allein auf möglichst hohen Erträgen, sondern viel mehr auf Eigenschaften wie Resistenz gegen Krankheiten und Insekten, niedrigerer Wuchs, weniger Stroh und kürzerer Vegetationszeit.

Niemals zuvor ist eine Verpflanzung hochertragreicher Sorten kombiniert mit einer völlig neuen Technologie und Strategie in einem derart gewaltigen Ausmaß und einer so kurzen Zeitspanne mit so großem Erfolg durchgeführt worden (vgl. BOHLE 1981: 1). Ingesamt brachte die Grüne Revolution eine Steigerung im Reisertrag von zwei t/ha 1960 auf 1990 3,6 t/ha. Gleichzeitig erhöhte sich die Pro-Kopf-Produktion von 133 kg/Kopf/Jahr auf 151 kg/Kopf/Jahr, trotz eines in diesem Zeitraum beträchtlichen Bevölkerungszuwachs (vgl. SCHOLZ 1998: 532f).

Neben der klar zu beobachtenden deutlichen Beschleunigung des landwirtschaftlichen Wachstums kam es jedoch zu einer Verschärfung der regionalen und sozialen Disparitäten (vgl. BETZ 2007). In Indien konnten die Mittel, die zum Anbau der modernen Sorten nötig waren, nicht allen Regionen und allen sozialen Schichten gleichermaßen verfügbar gemacht werden. So blieben die großen Überschwemmungsflächen der Stromtiefländer, sowie die Gebiete, in denen die Wasserzufuhr durch Regenstau erfolgt, in den Anfangsjahren ausgespart, bevor für solche Zonen angepasste Reissorten entwickelt wurden (vgl. SCHOLZ 1998: 533). Daher konnten Landwirte in diesen Regionen nicht von Beginn an von den

Neuerungen profitieren. Neben den gewissermaßen klimatisch bedingten Unterschieden, entstanden Disparitäten durch die Kapitalintensivierung. Die wenigen größeren Bauern waren eher in der Lage sich die kostspieligen Pumpen und Bohrbrunnen zu leisten, die zur Sicherstellung der Wasserzufuhr für die empfindlichen Hochertragssorten nötig sind. Daher war es zunächst nur größeren Betrieben möglich zwei Reisernten pro Jahr hervorzubringen. Wegen des ungleichen Zugangs zur Ressource Grundwasser entstand ein Markt für Wasser, der von den kapitalstärkeren Landwirten kontrolliert wurde. Die kleinen Bauern waren gezwungen die Preise zu akzeptieren oder auf die zweite jährliche Reisernte zu verzichten. Ihre Abhängigkeit wurde besonders in Dürrejahren deutlich, als die Felder der wasserkaufenden Bauern zuerst trocken fielen (vgl. BOHLE 1889: 93ff). Ebenfalls war es für kleinere Betriebe nur schwer möglich neue Technologien zu erproben und von ihnen zu profitieren. Da das Risiko einer Missernte von einem kleinen Betrieb nicht gedeckt werden kann, konnten größere Betriebe, die über den Zugang zu Geld, Betriebsmitteln und Beratung verfügten, überdurchschnittlichen Nutzen aus der Grünen Revolution ziehen. Der Gegensatz zwischen Arm und Reich wurde somit verschärft (vgl. SCHOLZ 1998: 535). Die in Abhängigkeit geratenen Kleinbauern waren nicht in der Lage Rückschläge zu kompensieren und somit oft dazu gezwungen ihr Land zu verkaufen und ihren Lebensunterhalt weiter als Landarbeiter zu verdienen. So kam es zu einer Konzentration der landwirtschaftlichen Produktion. Heute bearbeiten 3,1 Prozent der Betriebe über 23 Prozent der landwirtschaftlichen Nutzfläche und 68 Prozent der Betriebe dagegen nur 25 Prozent. Der Armut und Unterbeschäftigung auf Seiten der Kleinbauern steht eine einträgliche Landwirtschaft auf Seiten der Großbauern gegenüber. Sie tendieren heute zum profitableren und kapitalintensiveren Marktfrüchteanbau (vgl. BOHLE 1989: 92).

Daher ist aus sozialer Sicht das Ergebnis der Grünen Revolution eine Verschärfung der regionalen und sozialen Disparitäten vor allem in den ländlichen Gebieten Indiens. Obwohl neue Agrartechnologien die Produktion und die Gewinne erhöht haben ist die Teilhabe der ländlichen Bevölkerung am neuen Wohlstand gering. Ursache dafür ist die im Zuge der Mechanisierung und Industrialisierung der Landwirtschaft verringerte Zahl an Arbeitsplätzen (vgl. BOHLE 1981: 2). Somit vergrößerte sich die Kluft zwischen Arm und Reich im ländlichen Indien. Letztlich leben durch die angebotsorientierte Ausrichtung der Agrarpolitik heute immer noch 50 Prozent der weltweit Hungernden in Indien (vgl. PETERSEN 2007), hervorgerufen dadurch, dass besonders der arme Teil der Bevölkerung nicht in der Lage ist Nahrungsmittel kaufkräftig nachzufragen, somit ist diese Gruppe für den Markt nicht existent.

In Indonesien konnte diese Entwicklung vermieden werden. Insgesamt war die Ertragssteigerung dort besonders hoch. Es gelang dort den Flächenertrag von 1,7 t/ha auf 4,4 t/ha zu steigern, ohne eine Konzentration der landwirtschaftlichen Produktion zu forcieren. Das Land verfügte damals, neben einer intakten Infrastruktur und einer hochmotivierten Bevölkerung über ausreichende finanzielle Mittel um alle nötigen Produktionsmittel, wie z. B. Kunstdünger zu subventionieren, um so Kleinbauern den Kauf dauerhaft zu ermöglichen. Mit der zielstrebigen Politik der damaligen Regierung wurde erreicht, dass sich die modernen Anbaumethoden in Indonesien deutlich schneller durchsetzten als in Indien. So waren bereits 1983 82 Prozent der gesamten Nassreisflächen Indonesiens mit modernen Reissorten bepflanzt.

Eine weitere Folge der Grünen Revolution stellten ökologische Probleme dar. Die künstliche Bewässerung verursacht einen extrem starken Wasserbrauch (vgl. Tab. 2), der den Grundwasserspiegel absenkte und somit die Verfügbarkeit von Wasser negativ beeinflusste. Ebenfalls kam es durch unsachgemäßen Einsatz von Pflanzenschutzmitteln zu Ernteverlusten und Umweltschäden sowie durch falsche Düngemittelzugaben vereinzelt zu Bodendegradation. Die Ausdehnung der Anbauflächen verdrängte natürliche Vegetation und hatte einen großen Verlust von Biodiversität zur Folge. Jedoch ist zu beachten, dass ähnliche Ertragsteigerungen mit anderen Anbaumethoden deutlich mehr Fläche benötigt hätten. Auch bei den angebauten Reissorten kam es zu einem deutlichen Rückgang der angebauten Sorten (vgl. SCHOLZ 1998: 534).

Tab. 2 :   Wasserverbrauch in Indien und geschätzter Bedarf bis 2025
Quelle: BOHLE 1999: 113

Sektor	1990		2007		2025	
	Verbrauch (in Mrd. m^3)	Anteil am Gesamtverbrauch (in %)	Verbrauch (in Mrd. m^3)	Steigerung (in %)	Verbrauch (in Mrd. m^3)	Steigerung (in %)
Landwirtschaft	460	(83,6 %)	820	+78 %	1 090	+137 %
Industrie	15	(2,5 %)	30	+100 %	120	+700 %
Energie	19	(3,4 %)	27	+42 %	40	+110 %
Häuslich	25	(4,5 %)	48	+96 %	65	+160 %
andere	33	(6,0 %)	40	+21 %	47	+43 %
gesamt	552	(100 %)	967	+75 %	1 362	+147 %
Verbrauchsanteil an der gesamten Niederschlagsmenge	13,8 %		24,2 %		34,5 %	

3.4 Zukunftsperspektiven

Das große Ziel der Grünen Revolution die Nahrungsmittelversorgung der Bevölkerung zu sichern wurde erreicht. Jedoch sind beim derzeitigen Bevölkerungswachstum weitere Steigerungen der landwirtschaftlichen Produktion nötig, um die Nahrungsmittelversorgung auch zukünftig zu sichern. Viele Experten sehen allerdings die Grenzen der Grünen Revolution erreicht, so scheint besonders die Verfügbarkeit von Wasser weiteren Ertragssteigerungen im Weg zu stehen (vgl. Tab. 2). Eine viel diskutierte Möglichkeit zur Produktionssteigerung ist der Einsatz gentechnisch veränderter Pflanzensorten. Neben der allgemeinen Skepsis gegenüber der Gentechnologie, ist es auch fraglich, ob stabile höhere Erträge erwirtschaftet werden können. Sie bietet allerdings die Möglichkeit vielen Risiken der Nahrungsmittelsicherheit, wie z. B. Dürreperioden, zu begegnen (vgl. ELLIESEN 2006). Falls tatsächlich weitere Steigerungen möglich sind, wird sich, wie schon bei der Grünen Revolution, der Kapitalmangel bei kleineren Betrieben negativ auswirken.

Anhand der Zahl der Hungernden in Indien lässt sich erkennen, dass das Ernährungsproblem nicht alleine auf Nahrungsmangel reduziert werden kann. Vielmehr sind chronische Unterernährung und Hunger Begleiterscheinungen von Armut, die durch Unterbeschäftigung ausgelöst wird. Die Steigerung der Produktion und die ländliche Entwicklung müssen daher enger miteinander verzahnt werden. Dazu müssten Impulse zur Entwicklung des Kleingewerbes, des Handwerks und des Marktwesens erzeugt werden, um die Kaufkraft und damit den Binnenmarkt für Getreide zu stärken (vgl. Wissenschaftlicher Beirat der Bundesregierung Globale Umweltveränderungen 1998).

Das Problem der mangelnden Versorgung ist nicht gebannt. Viel mehr sind weitere nachhaltige Veränderungen nötig, um die Bevölkerung zu versorgen.

3.5 Fazit zur Grünen Revolution

Die Grüne Revolution hat die Landwirtschaft in ganz Asien nachhaltig verändert. Das Hauptziel der Nahrungsmittelsicherheit wurde zumindest zeitweise erreicht. Die neuen Anbaumethoden führten zu tief greifenden sozialen Veränderungen und ökologischen Problemen. Vergrößerung regionaler Disparitäten, ungewollte Wirkung der eingesetzten Dünge- und Pflanzenschutzmittel sowie die Vernichtung vieler Arbeitsplätze in der Landwirtschaft und die gestiegene Abhängigkeit der Entwicklungsländer von den Industrieländern sind oft genannte Negativpunkte der Grünen Revolution (vgl. BOHLE 1889: 93). Die Kritik ist nachvollziehbar, so sind z. B. Ölimporte nötig um die Motorpumpen zur künstlichen Bewässerung zu betreiben, was sich negativ auf die Handelsbilanz des Importlandes auswirkt. Obwohl die Grüne Revolution als landwirtschaftliches Wachstum ohne ländliche Entwicklung bezeichnet wird (vgl. BOHLE 1998: 98), muss nach den möglichen Alternativen zu den ergriffenen Maßnahmen gefragt werden. Ohne die Steigerung der landwirtschaftlichen Produktivität wäre es zu großen Hungerskatastrophen gekommen. Die Verwendung anderer Anbaumethoden hätte weit größere ökologische Schäden verursacht. Der größte Fehler war, dass obwohl Unterbeschäftigung ein gravierendes Entwicklungsproblem ist, nicht auf arbeits- sondern kapitalintensive Agrarentwicklung gesetzt wurde (vgl. BOHLE 1889: 98). Somit ist die Grüne Revolution als eine bedeutende positive Entwicklung für die Landwirtschaft in Asien zu sehen, auch wenn für Probleme wie enorm steigender Wasser- und Energieverbrauch sowie fehlende ländliche Entwicklung in Zukunft Lösungen erarbeitet werden müssen (vgl. HAZELL 2001).

4. Auswirkungen weltweiter Nachfragesteigerungen am Bsp. Palmöl

Der globale Verbrauch von Palmöl ist seit 1995 um 70 Prozent gestiegen. Die größten Verbraucher sind Indien, die europäische Union, Indonesien und China. Es wird erwartet, dass der Marktanteil von Palmöl noch weiter anwachsen wird und sich der Konsum bis 2020 um weitere 50 Prozent erhöht (vgl. WAKKER 2003: 3f). Palmöl ist ein sehr günstiges Pfanzenöl das im Nahrungsmittelbereich und in jüngster Zeit auch als Rohstoff für Biodiesel verwendet wird (vgl. United States Department Of Agriculture 2007). Hinzu kommt der abzusehende Bedeutungszuwachs der oleochemischen gegenüber der petrochemischen Industrie (vgl. SCHOLZ 2004: 17). Aus dem steigenden Bedarf an Palmöl ergeben sich, besonders für Tropische Entwicklungsländer wie Indonesien, große Entwicklungspotentiale.

4.1 Die Ölpalme

Die Ölpalme (vgl. Abb. 4) stammt aus dem Regenwaldgürtel Westafrikas und benötigt Temperaturen von 24 bis 28 °C sowie Niederschläge von 1500 bis 1800 mm pro Jahr.

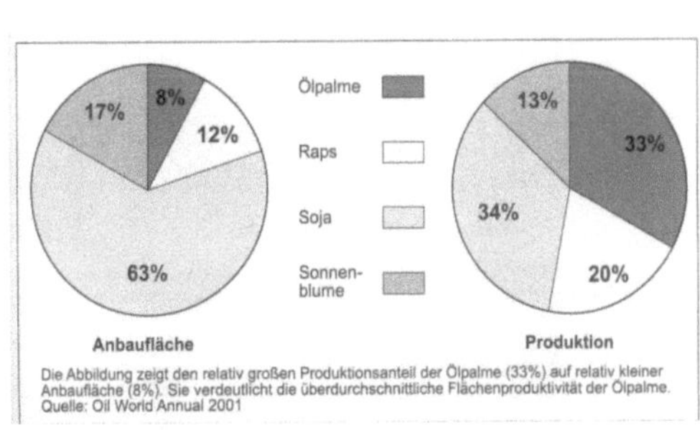

Abb. 5: Anbaufläche und Produktion der vier wichtigsten Ölpflanzen der Erde (2001) Quelle: SCHOLZ 2004: 13

Abb. 4: Die Ölpalme
Quelle: www.dieter-kloessing.de/CostaRica-Reisen/53-Oelpalmen.html

Der Anbau erfolgt als Dauerkultur zusammen mit Bodenbedeckungspflanzen. Die jungen Palmen werden erst nach einem Jahr ausgepflanzt, zuvor werden sie in einer Zuchtstation gepflegt. Nach fünf Jahren erreicht die Pflanze ihre höchste Produktivität und kann bis zu 25 Jahre lang genutzt werden (vgl. Katalyse Institut für angewandte Umweltforschung 2006). Die Pflanze zeichnet sich durch eine hervorragende Flächenproduktivität (vgl. Abb. 5) und durch das Fehlen eines periodischen Vegetationszyklus aus, ist jedoch auf Düngerzugaben angewiesen. 2001 waren nur 8 Prozent der weltweiten Anbaufläche für Pflanzenöle mit Ölpalmen bepflanzt, auf dieser Fläche wurden jedoch 33 Prozent der weltweiten Pflanzenölproduktion erzeugt. Die Pflanze liefert als einzigste Nutzpflanze zwei verschiedene Öle. Der Ertrag setzt sich aus 88 Prozent Palmöl und 12 Prozent Palmkernöl zusammen. Die Ernte der etwa 20kg schweren Fruchtstände (vgl. Abb. 6), die aus bis zu 4000 der etwa pflaumengroßen Einzelfrüchte bestehen, kann nicht mechanisiert werden. Daher kalkuliert man für 10t Palmöl mit 20 für 10t Sojaöl jedoch nur mit 0,7 Arbeitstagen (vgl. SCHOLZ 2004: 12). Die Früchte müssen noch am Tag der Ernte sterilisiert und weiterverarbeitet werden, weshalb früher der Anbau in kleinen Betrieben als unmöglich galt. Man rechnet pro Weiterverarbeitungsfabrik mit einer nötigen Anbaufläche von 6000ha (vgl. SCHOLZ 2004: 11ff).

Abb. 6: Fruchstämme und Einzelfrüchte der Ölpalme
Quelle: United States Department Of Agriculture 2007

4.2 Entwicklung des Palmölsektors in Indonesien

Durch den gestiegen Bedarf und die günstige Preisentwicklung von Palmöl, wurden die Anbauflächen für Ölpalmen in Indonesien von 600.000 Hektar 1985 bis auf fünf Millionen Hektar 2005 ausgeweitet. Weitere Ausdehnungen auf 9 Millionen Hektar werden prognostiziert (vgl. WAKKER 2003: i). 2001 war Indonesien nach Malaysia noch zweitgrößter Palmölproduzent mit einem Anteil von 32 Prozent der Weltproduktion (vgl. Abb. 7).

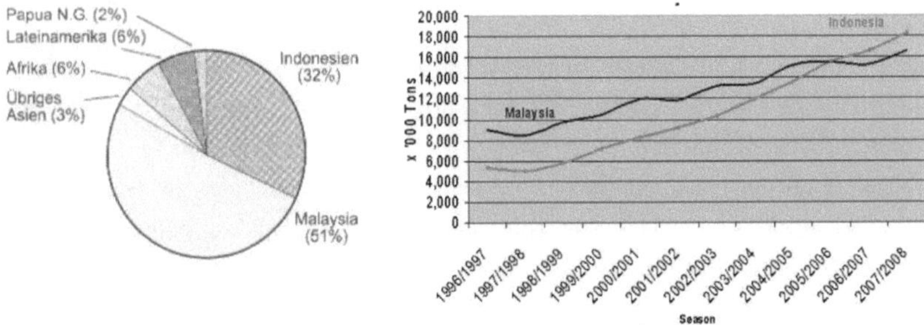

<table>
<tr><td>Abb. 7: Weltproduktion von Palmöl (2001)
Quelle: SCHOLZ 2004:11</td><td>Abb. 8: Palmölproduktion in Malaysia und Indonesien
Quelle: United States Department Of Agriculture 2007</td></tr>
</table>

Bereits im Jahr 2007 löste Indonesien Malaysia als weltgrößten Palmölproduzenten ab (vgl. Abb. 8) (vgl. United States Department Of Agriculture 2007). Gründe für diese rasante Entwicklung in Indonesien sind vielfältig. Palmöl verdankt seinen Preisvorteil gegenüber anderen Ölen den besonders niedrigen Löhnen der Arbeiter, die in Indonesien nur etwa 40 € pro Monat betragen (vgl. SCHOLZ 2004: 13). Begünstigt wird die schnelle Produktions-steigerung durch große Flächenreserven sowie Investoren aus Europa und Nordamerika, die aufgrund günstiger Prognosen hohe Rückzahlungen als garantiert ansehen (vgl. WAKKER 2003: iiff). Es wird davon ausgegangen, dass momentan etwa 7 Prozent der Indonesier von der Palmölwirtschaft abhängen (vgl. SCHOLZ 2004: 16). Die Anbauform der Nukleus-Plantage ermöglicht es Kleinbauern eigenverantwortlich zu produzieren und hohe Einkommen zu erwirtschaften, was sich positiv auf die ländliche Entwicklung niederschlägt.

15

4.3 Soziale und ökologische Folgen des Ölpalmenbooms

Die Palmölindustrie schafft für die Entwicklung der ländlichen Regionen extrem wichtige Arbeitsplätze. Auch für Kleinbauern ermöglicht der Anbau von Palmöl die Möglichkeit hoher sicherer Einnahmen und Anreize zu produktionssteigernden Investitionen. Es entstehen jedoch vor allem wegen ungeklärter Bodenrechtsverhältnisse Konflikte. Da die ansässige Bevölkerung teilweise keine schriftlich festgelegten Bodenrechte kennt, kommt es immer wieder zu Aufständen von Dorfbewohnern die von Palmölgesellschaften ohne angemessene Entschädigungen von ihrem Land vertrieben wurden. Neben der Verdrängung lokaler Minderheiten wird oft Kritik an der Umweltverträglichkeit des Anbaus geäußert, obwohl die Ölpalme eine an die Bedingungen sehr gut angepasste Nutzpflanze ist. Für die Anlage großer Monokulturen (vgl. Abb. 9) werden große Flächen Regenwald gerodet, was sich in der hohen Entwaldungsrate Indonesiens von mehr als zwei Prozent pro Jahr (vgl. WAKKER 2003: v) äußert. Einige Studien gehen sogar davon aus, dass es in wenigen Jahren keine Regenwälder mehr in Indonesien geben wird, weshalb die Vergabe von Holzeinschlagkonzessionen ausgesetzt wurde (vgl. DEUTSCHLE 2007). Durch die Vernichtung von Regenwald wird ein großer Biodiversitätsverlust erzeugt, dessen Auswirkungen nur schwer einzuschätzen sind. (vgl. SCHOLZ 2004: 10ff).

Abb. 9: Neu erschlossene Ölpalmenplantage im Westen von Kalimantan
Quelle: SCHOLZ 2004: 16

4.4 Fazit zum Palmölanbau

Die Bedeutung der Palmölwirtschaft für Indonesiens Landbevölkerung ist enorm. Sie stellt im Vergleich zu anderen Wirtschaftsbereichen viele Arbeitsplätze. Daher ergibt sich die seltene Chance auf ländliche Entwicklung. Der weitere Ausbau der Plantagen kann aus wirtschaftlicher Sicht nur befürwortet werden. Es gilt jedoch die negativen Folgen, wie die Verdrängung von Regenwäldern, zu minimieren. Dazu wird versucht neue Plantagen zunächst auf bereits degradierten Flächen zu errichten. Eine Abwendung vom Ölpalmenanbau würde jedoch noch weit größeren Flächenverbrauch erzeugen. Daher ist es nicht leicht zu bewerten, ob Ölpalmenanbau nicht eher natürliche Ressourcen schont. Es sollten Anreize geschaffen werden Regenwaldflächen zu verschonen, sowie den Umgang mit lokalen Gruppen zu verbessern. Um die Unternehmen zu nachhaltigem Umgang mit Mensch und Natur zu bewegen, ist es notwendig durch öffentliche Aufmerksamkeit zu gewährleisten, dass es den Konzernen, die sich nicht vom vorhandenen Negativimage auf Grund von Regenwaldzerstörung und Menschenrechtsverletzungen befreien können, nicht möglich ist auf dem Markt zu konkurrieren (vgl. SCHOLZ 2004: 18). Ähnlich zum Bananenanbau ist davon auszugehen, dass Verbesserungen nur durch Öffentlichkeitsarbeit von NGOs zu erreichen sind.

Da es keine umweltverträglicheren Alternativen bei der Herstellung von Pflanzenöl gibt, ist die Anlage von Palmölplantagen trotz der angesprochenen negativen Folgen zu befürworten.

5. Fazit

Es zeigt sich, dass die jüngeren Veränderungen im Marktsystem, aufgrund derer es zur Auflösung großer vertikal integrierter Nahrungsmittelkonzerne kam, neue Entwicklungschancen für die Landwirtschaft vieler Entwicklungsländer eröffnen. Durch die Organisationsform des Vertragsanbaus wurde die Partizipation der ländlichen Bevölkerung an der Wertschöpfung zumindest erleichtert, auch wenn die Landwirte jetzt das Anbaurisiko und die Risiken schwankender Weltmarktpreise tragen.

Tiefgreifende Veränderungen entstanden durch den politisch motivierten stärkeren Austausch von Know-how. Der Begriff „Grüne Revolution" zeigt bereits, dass die Landwirtschaft in Asien grundlegend verändert wurde. Neben großen Produktivitätssteigerungen zeigen sich am Beispiel Indien auch negative Folgen, wie z. B. die Verschärfung sozialer Disparitäten. Da es jedoch keine Alternative zur Gewährleistung der Nahrungsmittelversorgung gab, ist festzuhalten, dass die negativen Folgen der Grünen Revolution klar das bedeutend kleinere Übel gegenüber großen Hungerkatastrophen sind.

Um die Nahrungsmittelsicherheit in Zukunft zu garantieren sind nicht nur weitere Ertragssteigerungen nötig, sondern auch die Förderung der ländlichen Entwicklung. Dazu ist besonders die Förderung des Kleingewerbes, des Handwerks und des Marktwesens erforderlich, um die Möglichkeiten der kaufkräftigen Nachfrage nach Nahrungsmitteln zu verbessern (vgl. Wissenschaftlicher Beirat der Bundesregierung Globale Umweltveränderungen).

Auf Grund des gestiegenen Verbrauchs an Pflanzenöl in der Nahrungsmittelindustrie und zur Herstellung von Biodiesel ergibt sich durch den Anbau von Palmöl ein besonders großes Entwicklungspotential für die tropischen Länder Südostasiens. Die Organisationsform der Nukleus-Plantage ermöglicht es Kleinbauern größere Gewinne zu erwirtschaften. Daher kann aus wirtschaftlicher Sicht die Ausdehnung des Anbaus nur begrüßt werden. Ökologischen Problemen, wie der Zerstörung des Regenwaldes, muss auch hier entschieden entgegengearbeitet werden. Es gibt jedoch im Moment keine umweltverträglichere Alternative zum Palmölanbau.

Im Gesamten wird durch die hier aufgeführten Beispiele gezeigt, dass die Landwirtschaft in Asien sehr stark von globalen Entwicklungen beeinflusst wurde und wird. Jedoch sind neben der im Allgemeinen beschriebenen Verschlechterung der Terms of Trade viele positive Entwicklungen zu beobachten. Die Landwirtschaft Asien wurde und wird tiefgreifend von globalen Entwicklungen beeinflusst. Die positiven Effekte der Globalisierung übertreffen jedoch meist die aufgeworfenen Probleme.

Literaturverzeichnis

Verwendete Literatur:

BETZ, J. (2007): Wirtschaftsentwicklung seit der Unabhängigkeit. Internet: http://www.bpb.de/die_bpb/4J7892,3,0,Wirtschaftsentwicklung_seit_der_U nabh%E4ngigkeit.html (10.12.07)

BOHLE, H.-G. (1981): Die Grüne Revolution in Indien – Sieg im Kampf gegen den Hunger? In: Fragenkreise, 23554. München.

BOHLE H.-G. (1989): 20 Jahre Grüne Revolution in Indien. In: Geographische Rundschau, 49, 1989, Heft 2, 91-98.

DEUTSCHLE, T. (2007): Palmöl oder der Boom der Ölpalme. Internet: http://www.faszination-regenwald.de/info-center/zerstoerung/palmoel.htm

DÜNCKMANN, F. (2004a): Plantagen im Weltwirtschaftsystem heute. In: Geographische Rundschau, 56, 2004, Heft 11, 4-9.

ELLIESEN, T. (2006): „Die Bauern haben die Wahl". In: E+Z, 47, 2006, Heft 2: 66-68.

Katalyse Institut für angewandte Umweltforschung (2006): Ölpalme. Internet: http://www.umweltlexikon-online.de/fp/archiv/RUBlandwirtsrohstoffe/Oelpalme.php

KULKE, E. (2005): Weltwirtschaftliche Integration und räumliche Entwicklung. In: Geographische Rundschau, 57, 2005, Heft 2, 4-10.

PETERSEN, B (2007): Reise durch den Selbstmordgürtel Trotz High-Tech-Boom – Indien ist ein Agrarland. Internet: www.bpb.de/themen/ZVOYPO,1,0,Reise_durch_den_Selbstmordg%FCrte l.html (10.12.07)

SCHOLZ, U. (1998): „Grüne Revolution" im Reisanbau Südostasiens. Eine Bilanz der letzten 35 Jahre. Geographische Rundschau 50 (9): 531-536.

SCHOLZ, U. (2004): Ölpest im Regenwald? In: Geographische Rundschau, 58, 2006, Heft 11, 10-17.

United States Department Of Agriculture (2007): Indonesia: Palm Oil Production Prospects Continue to Grow. Internet: http://www.pecad.fas.usda.gov/highlights/2007/12/Indonesia_palmoil/ (30.2.2008)

WAKKER, E. & J. W. VAN GELDER (2003): Risking The Forests. Identification And Management Of Indonesian Oil Palm Plantation Risks By Financial Institutions. Internet: http://www.wwf.de/fileadmin/fm-wwf/pdf-alt/waelder/umwandlung/_Risking_the_Forest_WWF_2003.pdf (12.1.2008)

WIESE, B. (1997): Plantagen und Bauernwirtschaft in den Tropen: Vom Konflikt zur Kooperation? In: Geographische Rundschau, 41, 1989, Heft 7-8, 406- 412.

Wissenschaftlicher Beirat der Bundesregierung Globale Umweltveränderungen
(1998): Welt im Wandel. Wege zu einem nachhaltigen Umgang mit
Süßwasser. Internet:
http://www.wbgu.de/wbgu_jg1997_kurz.html#impressum (3.3.2008)

Weiterführende Literatur

BACHMANN, H. (1995): Pfeffer- ein tropisches Produkt für den Weltmarkt. In:
Geographische Rundschau, 47, 1995, Heft 3, 191-196.

BERTHELOT, J. (2001a): Freihandel in der Krise. In: Le Monde Diplomatique (2006):
Atlas der Globalisierung. Paris.

BERTHELOT, J. (2001b): Agrarsubventionen die den Hunger mehren. In: Le Monde
Diplomatique (2006): Atlas der Globalisierung. Paris.

BIEHL, M. (1968): Die Landwirtschaft in China und Indien. Hamburg.

Bundesagentur für Außenwirtschaft (2006): Indien – Wirtschaftentwicklung 2005/06.
Internet:
http://www.bfai.de/nsc_true/DE/Navigation/Metanavigation/Suche/sucheU
ebergreifendGT.html (3.2.2008)

Bundesagentur für Außenwirtschaft (2007): Wirtschaftsentwicklung Indonesien 2006.
Internet: http://www.bfai.de/ext/anlagen/PubAnlage_3568.pdf(20.1.2006)

DOMRÖS, M. (1993): Tee in Indien. Geographische Rundschau, 45, 1993, Heft 11,
644-649.

DOMRÖS, M. (1997): Südasien - Das natur- und kulturgeographische Potential. In:
Praxis Geographie, 27, 1997, Heft 9, 4-12.

DOPPLER, W. (1994): Landwirtschaftliche Betriebssysteme in den Tropen und
Subtropen. Genese, Entwicklungsprobleme und Entwicklungspotenzial. In:
Geographische Rundschau, 46, 1994, Heft 2, 65-71.

DOUGLAS, C. A.(1998): Women's Meeting Opposes Globalisation Of Agriculture.
Internet:
http://findarticles.com/p/articles/mi_qa3693/is_199903/ai_n8846929.

DÜNCKMANN, F. (2004b): Weltagrarhandel und die WTO. In: Geographische
Rundschau, 56, 2004, Heft 5, 63-68.

ELLIESEN, T. (2003): Der fruchtlose Streit um die Gentechnik. In: E+Z, 44, 2003, Heft
5, 207-209.

FAN, S. & C. CHANG-KANG (2007): Is Small Beautiful? Farm Size, Productivity And
Poverty In Asian Agriculture. Internet: http://www.iaae-
agecon.org/conf/durban_papers/papers%5CFan.pdf(3.3.2008)

FUHS, F. W. (1995): Agrarverfassung und Agrarentwicklung in Thailand. In: Südasieninstitut: Beiträge zur Südasienforschung Bd. 82. Heidelberg.

GESSLER, C. (2006): Noch nicht reif. In: E+Z 2006, 47, Heft 2, 69-71

HAZELL, P. (2001): Technological Change. Internet: http://www.ifpri.org/2020/focus/focus08/focus08_08.htm

HENNING, T. (2007): Zukunftshoffnung Bewässerung? Indiens Landwirtschaft im Kontext des raschen Wirtschaftswachstums. In: Praxis Geographie 37, 2007, Heft 6: 33-37.

HERMANN-PILLATH, C. (2007): Globalisierung, Weltordnung und Chancengleichheit. Internet: www.bpb.de/themen/NAIET1,0,0,Globalisierung_Weltordnung_und_Chan cengleichheit.html (10.12.07)

KLAR, M. (1992): Soziokulturelle Auswirkungen von Entwicklungsprojekten – Das Beispiel Südostasiens. In: BREITENBACH, D. & M. WERTH (Hrsg.): Sozialwissenschaftliche Studien zu internationalen Problemen. Fort Lauderdale

LEISINGER, K. M. (1987): Die „Grüne Revolution im Wandel der Zeit: Technologische Variablen und soziale Konstanten. In: Social Strategies Forschungsberichte Vol 2, No. 2. Basel.

MAHAL, K. (1976): Agricultural Problems of India. Udiapur.

MERCARDO, A. B. (2003): Asia And Globalisation. Internet: http://www.angoc.ngo.ph/pdffiles/Asia%20and%20Globalization.pdf

MEYER, G. & A. THIMM (Hrsg.)(1997): Globalisierung und Lokalisierung. Netzwerke in der Dritten Welt. In: Interdisziplinärer Arbeitskreis Dritte Welt Johannes Gutenberg-Universität Mainz: Veröffentlichungen des Interdisziplinären Arbeitskreises Dritte Welt, 12. Mainz.

MEYER, G. & C. STEINER & A. THIMM (Hrsg.)(2007): Entwicklung durch Handel? Die Dritte Welt in der Globalisierung. In: Interdisziplinärer Arbeitskreis Dritte Welt Johannes Gutenberg-Universität Mainz: Veröffentlichungen des Interdisziplinären Arbeitskreises Dritte Welt, 18. Mainz.

MILLET, D: (2005): Rohstoffe für die Welt. In: Le Monde Diplomatique (2006): Atlas der Globalisierung. Paris.

NUHN, H. (1997): Globalisierung und Regionalisierung im Weltwirtschaftsraum. In: Geographische Rundschau, 49, 1997, Heft 3, 136-143

NUHN, H. (2006): Wandel in der Plantagenwirtschaft. In Geographische Rundschau, 58, 2006, Heft 12, 38-45.

SCHÄFER, H.-B. (Hrsg.)(1996): Die Entwicklungsländer im Zeitalter der Globalisierung. Berlin.

SCHOLZ, F. (2002a): Die Theorie der Fragmentierenden Entwicklung. In: Geographische Rundschau, 54, 2002, Heft 10, 6-11.

SCHOLZ, U. (2002b): Agrargeographie. Giessen.

THUKRAL, N. (2008): Grim Times For Asia's Biofuel Producers. Internet: http://www.iht.com/articles/2008/01/14/business/14bio.php (3.3.2008)

TRIPATHI, P. M. (o.J.): Impact Of Globalisation On Regional Development In Asia Focussing On India. Internet: http://www.angoc.ngo.ph/pdffiles/Impact%20of%20Globalisation%20on%20Regional%20Development%20in%20Asia.pdf (16.1.2008)

VÉRON, R. & B. STRASSER & U. GEISER (2004): Globalisierung und Agrarproduktmärkte in Kerala. In: Geographische Rundschau, 56, 2004, Heft 11, 18-23.

WALKER, H. H. (1977): Entwicklung, wirtschaftliche Bedeutung und Zukunft von Palmöl und Palmkernöl im Rahmen des Weltmarktes an Ölen und Fetten. In: Zeitschrift für ausländische Landwirtschaft 16 H. 2: 128-145.

Watch Indonesia! (Hrsg.)(1998): Ölpalmplantagen. Neue Bedrohung für Indonesiens Regenwälder. Internet: http://home.snafu.de/watchin/II_2_3_98/Oelpalm.htm (12.12.07)

ZINGEL, P. (2007): Wirtschaftsystem und wirtschaftliche Entwicklung in Indien. Internet: www.bpb.de/themen/9HJ43A,0,0,Wirtschaftssystem_und_wirtschaftliche_Entwicklung_in_Indien.html (10.12.07)